Original title：Look Closer Ocean

Copyright © Dorling Kindersley Limited, 2012

A Penguin Random House company

本书中文版由 Dorling Kindersley Limited
授权科学普及出版社出版，未经出版社允许不得以
任何方式抄袭、复制或节录任何部分。

著作权合同登记号：01-2017-3032

图书在版编目（CIP）数据

海洋生物 /（英）约翰·伍德沃德著；（英）加里·汉纳
绘；文星译 . -- 北京：科学普及出版社，2018.1（2023.8 重印）
（DK 生物大揭秘）

ISBN 978-7-110-09550-8

Ⅰ.①海… Ⅱ.①约…②加…③文… Ⅲ.①海洋学—
青少年读物 Ⅳ.① P7-49

中国版本图书馆 CIP 数据核字 (2017) 第 128028 号

策划编辑	邓　文
责任编辑	邓　文　梁军霞
封面设计	朱　颖
图书装帧	锦创佳业
责任校对	王勤杰
责任印制	徐　飞

科学普及出版社出版

http://www.cspbooks.com.cn

北京市海淀区中关村南大街 16 号　邮政编码：100081

电话：010-62173865　传真：010-62173081

中国科学技术出版社有限公司发行部发行

鸿博昊天科技有限公司印刷

开本：635 毫米 × 1092 毫米　1/8

印张：8　字数：100 千字

2018 年 1 月第 1 版　2023 年 8 月第 6 次印刷

ISBN 978-7-110-09550-8 / P · 199

印数：25001—30000 册　定价：69.80 元

（凡购买本社图书，如有缺页、倒页、
脱页者，本社发行部负责调换）

混合产品
纸张 |
支持负责任林业
FSC® C018179

www.dk.com

DK生物大揭秘

海洋生物

[英] 约翰·伍德沃德　著

[英] 加里·汉纳　绘

文　星　译

科学普及出版社
·北京·

目 录

蓝色星球

　　地球上约2/3的面积被海洋覆盖，因此我们生活的这颗星球是蔚蓝色的。从冰封的两极海域到温暖的热带珊瑚礁海域，海洋成为了地球上面积最大的生物栖息地。海洋里生活着地球上最大的生物、最奇特的生物，以及最致命的杀手。

地球上的生命很可能在35亿年前起源于海洋。

全世界的海洋

北冰洋

大西洋

太平洋

印度洋

南大洋

　　地球上的海洋彼此连接，形成一个整体，但可以分为五个主要的部分，被称为五大洋。其中最大的是太平洋，占据了全球1/3的面积。第二大的是大西洋，紧接着是印度洋。南大洋环绕着南极洲，是世界上风暴最强烈的大洋。北冰洋则位于北极，在整个冬季都被冰雪覆盖。

太平洋

　　如果外星来客降落在太平洋，他们可能会以为整个地球都被海洋覆盖。太平洋的面积比所有大陆的面积总和还要大，海洋的最深处也位于太平洋。太平洋这个名字听起来十分平静祥和，但有时候狂暴的热带风暴却会掀起滔天巨浪。

海洋深度分区

温暖而又明亮的阳光照射在海面上，海水越深，也就越黑暗、寒冷。当光线到达一定深度后，就再也无法穿透海水，此处的深海陷入一片漆黑，而且极度寒冷。

阳光带

这里是海洋中充满阳光的区域，海水温暖而明亮，海洋生物种类繁多，至少有80%的海洋生物生活在距离海面200米之内的区域。

微光带

在阳光带下层是一片冰冷、深蓝色的微光带，有一些生物可以下潜到这个深度，比如抹香鲸，它们在此捕食奇怪的深海生物。

无光带

海面下超过1000米的区域完全没有阳光，只有一些闪烁的微光——这是生活在这里的深海生物发出的光，发光生物依靠这些光线觅食、与同类沟通。

太平洋有2万多个岛屿，几乎所有的岛屿都被珊瑚礁环绕。

企鹅必须平均每6秒钟抓住一只磷虾，才能喂饱嗷嗷待哺的小企鹅。

不会飞的潜水员

1 阿德利企鹅

2 鱼雷形的身体

3 致密、防水的羽毛层

4 强壮的鳍状翅膀

5 锋利的喙

6 外形酷似虾的磷虾

企鹅盛宴

　　阿德利企鹅生活在南极洲，那里有大片大片漂浮在海面上的浮冰。阿德利企鹅跳入冰冷的海水中，捕食磷虾。和所有的企鹅一样，阿德利企鹅不仅是泳姿优雅的游泳高手，而且非常擅长潜水。但是，它们在岸上行走时却十分笨拙。企鹅不会飞，它们的翅膀进化成了鳍状肢，便于在水下游泳。每年春天，阿德利企鹅回到陆地上产卵、孵化、抚育幼雏，然后再次返回大海。

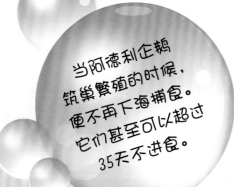

准备……

对企鹅来说，冰山和浮冰意味着即将开始的海中盛宴。在浮冰区，企鹅可以远离天敌，比如虎鲸和豹海豹。企鹅跳入海水中，开始追逐它们最喜爱的猎物——磷虾。

当阿德利企鹅筑巢繁殖的时候，便不再下海捕食。它们甚至可以超过35天不进食。

开始……

也许企鹅在陆地上看起来很笨拙：两条小短腿走起路来一摇一摆，甚至直接腹部着地，像滑雪橇一样滑过冰面。然而，一旦跳入海水中，它们就化身为泳姿优雅的潜水高手。在所有的海生鸟类中，企鹅是最适于水下生活的。它们的翅膀进化成鳍状肢，三层防水的羽毛层能够隔绝寒冷，沉重的骨骼让下潜变得更容易。

生活在南极的邻居

帝企鹅

帝企鹅是体型最大的企鹅，它们在海冰上繁殖后代。雌性帝企鹅产卵后，雄性帝企鹅将卵放在脚背上孵化。整个孵化期大约为60天，而且是在南极洲最寒冷的冬季。当小企鹅孵化出来之后，企鹅父母会轮流哺育它，直到小企鹅能独立生活为止。

豹海豹

与其他海豹不同，豹海豹是强悍的捕食者。它的目标常常是小型企鹅，比如阿德利企鹅。豹海豹静静地潜伏在浮冰边缘，一旦企鹅露出水面，便展开致命的攻击。

地球的另一端——北极

北极熊

在遥远的北极，北冰洋上的浮冰是北极熊的狩猎场。北极熊主要以捕食海豹为生，它埋伏在海豹的呼吸孔旁，等待海豹浮上海面换气时，乘机猎杀。如果没有了浮冰，北极熊就无法捕到猎物。因此，全球变暖日益威胁北极熊的生存。

海象

成群的海象聚集在北极海岸和浮冰上，如同鹿的鹿角一样，它们长长的獠牙是身份的象征，且雄性海象和雌性海象都具有獠牙。海象依靠嘴唇上方敏感的触须，从海床中挖出贝类为食。

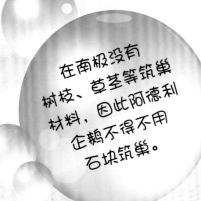

在南极没有树枝、草茎等筑巢材料，因此阿德利企鹅不得不用石块筑巢。

企鹅有着特殊的血液循环系统，能够防止身体的热量通过没有羽毛的双脚散失。不过，它们的脚因此一直都是冰冷的。

游……

企鹅在海洋中游泳时，如同在"飞翔"一样。它们用两只翅膀划水，用尾巴和脚掌舵。尽管泳速不是非常快，但企鹅在水下依然非常敏捷，这有助于它们捕食猎物。阿德利企鹅可以下潜至170米深处，不过它们一般不必潜入这么深的海域捕食。

猎物

南极磷虾是一种虾形生物，生活在开阔海域，以浮游藻类为食。当夏季浮游藻类十分丰富的时候，磷虾便开始大量繁殖，甚至能把海面染成鲜艳的红色。

结群狩猎

虎鲸结成小群在海洋中游曳，寻找可以捕获的猎物。它们会攻击各种各样的猎物，从鱼群到巨大的蓝鲸，不过它们最主要的猎物是海豚、企鹅、海狮和海豹。在捕捉猎物时，虎鲸群分工合作，伏击或者包围猎物，甚至能够撞碎浮冰或者冲上冰面，让浮冰上的海豹落入它们的口中。

人们曾在一条虎鲸的胃中发现30余只海豹的残骸。

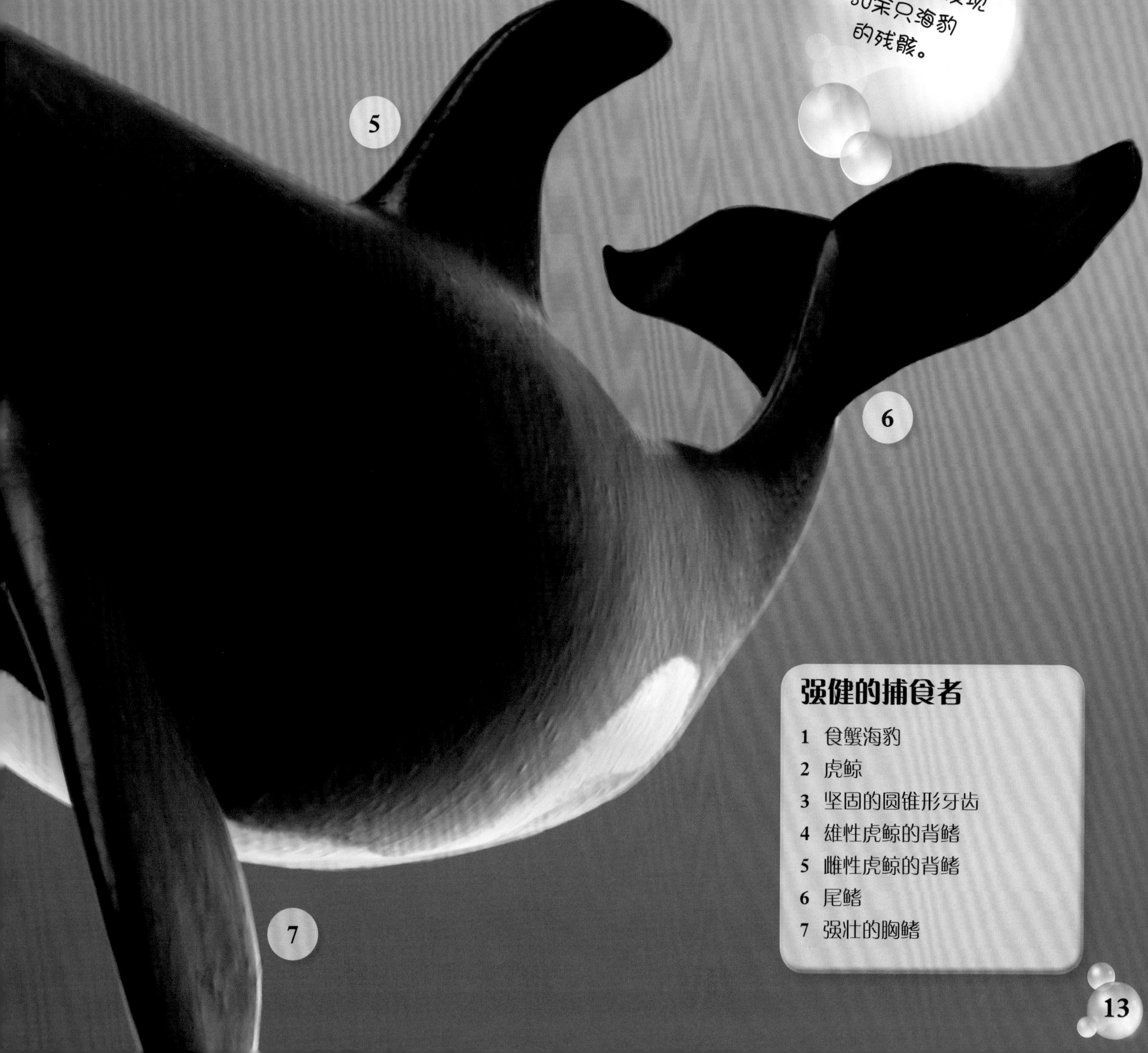

5

6

7

强健的捕食者

1　食蟹海豹

2　虎鲸

3　坚固的圆锥形牙齿

4　雄性虎鲸的背鳍

5　雌性虎鲸的背鳍

6　尾鳍

7　强壮的胸鳍

迅速逃亡

这只食蟹海豹必须以最快的速度游泳，才能逃脱虎鲸的追击。在南极洲的南大洋冰冷的海水中，生活着数百万只食蟹海豹。它们并不是主要吃螃蟹，而是用特殊的筛状齿捕食磷虾。

家庭生活

这条虎鲸有着长长的背鳍，说明它是雄性，它和一群雌性虎鲸同游。整个虎鲸群由一条年长的雌性虎鲸作为首领——有可能就是这条雄性虎鲸的母亲。其他的雌性虎鲸很可能是它的姐妹。一个家庭中的虎鲸一生都生活在一起，不过它们会和其他家庭中的虎鲸交配、繁殖后代。

一条虎鲸一口就能吞下一整只海豹。

虎鲸甚至可以杀死并吃掉大白鲨。

壮观的鲸类

领航鲸

领航鲸是社会性动物，它们生活在超过100头个体的大群中，有时种群数量甚至更多。领航鲸在温带海域中生活，主要以乌贼为食。它们喜欢在开阔海域中游曳，但有时会神秘地成群搁浅在海滩上。

白鲸

成年白鲸是纯白色的，与其他鲸都不同，因此得名"白鲸"。它们生活在靠近北极的北部海域中，结成群体捕食鱼类。白鲸常常通过狭窄的浮冰区，从一片开阔海域转移到另一片海域。

一角鲸

除了白鲸之外，另一种生活在浮冰区的鲸类便是一角鲸。一角鲸最引人注目的是它头上的一根"长角"，足有3米多长。然而这并不是角，而是它们变异的牙齿。只有雄性一角鲸长有长牙，用于相互炫耀——有时也会用长牙打斗。在人类社会中，一角鲸的长牙非常珍贵，因为人们以为这是独角兽的角！

鲸的攻击

即使食蟹海豹以最快的速度逃生，它也不大可能逃脱虎鲸的追击。虎鲸敏捷、强大，而且非常聪明。如果海豹为了逃生而爬上浮冰，虎鲸也会另辟蹊径，从其他途径捕获海豹：虎鲸群会依次游向浮冰下方，掀起一阵阵海浪，直到将海豹冲入海中。一旦海豹被虎鲸巨大的钉状牙齿咬住，它就几乎不可能逃生了。

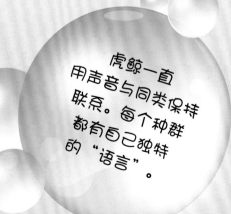

虎鲸一直用声音与同类保持联系。每个种群都有自己独特的"语言"。

金枪鱼的追击

海洋中漂浮着许多微小的生物，称为浮游生物，它们是闪闪发光的鲱鱼和其他小型鱼类的美食。银色的鱼群吸引了众多捕食者，金枪鱼就是其中之一。金枪鱼以惊人的速度追击猎物，将鱼群驱赶成一个又紧又小、不断旋转的"饵球"，"饵球"中的每一条小鱼都想躲在其他鱼的后面。这时金枪鱼便可以轻轻松松地吞吃"饵球"了。

有些金枪鱼的最高游速可以达到80千米/时。

1

2

3

高效的猎手

1 蓝鳍金枪鱼

2 长长的胸鳍

3 新月形的尾巴

4 强健的纺锤形身体

5 鲱鱼"饵球"

游速飞快的猎手

旗鱼

旗鱼是游泳速度最快的鱼类，最快泳速可达100千米/时。它那又尖又长的吻部可以轻松在海水中开道，流线型的身体阻力极小。它的呼吸系统非常高效，能将充足的氧气供应全身。

灰鲭鲨

灰鲭鲨是可怕的大白鲨的近亲。但是灰鲭鲨主要以鱼类为食。在追击高速移动的猎物比如金枪鱼时，灰鲭鲨的泳速可达72千米/时。

梭鱼

梭鱼有一口令人望而生畏的、锋利的牙齿，它们通常采用突然袭击的方式捕猎。梭鱼会袭击海洋中任何闪烁的物体。它们还常常跟随在鲨鱼后面，捡食残羹碎屑。

数量越多越安全

小型鱼类比如鲱鱼，常常聚集成鱼群游动。与一条孤零零的鱼完全暴露在天敌面前相比，聚集成群更安全。遇到捕食者袭击时，鱼群会团成一个紧密的球状，让捕食者无处下嘴。但这样并不总能化险为夷，尤其是在捕食者数量众多的情况下。

为速度而生

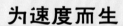

金枪鱼的泳速快得惊人。它们有着硕大、强健的肌肉，肌肉收缩，牵引弯月形的尾巴左右快速摆动。金枪鱼的加速度甚至能超过一辆高性能跑车。当它们在快速游动时，鱼鳍折叠进身体上的凹槽中，保证身体呈现完美的流线型。

有些鲱鱼群内包含数百万条鲱鱼。

大吃特吃

  金枪鱼在海洋中四处畅游，寻找猎物，需要消耗大量的能量。因此它们必须进食大量的食物，来保证身体正常运转。每条金枪鱼都会尽可能多地吞下鲱鱼和其他猎物，直到把胃塞得满满的。一条蓝鳍金枪鱼体长可超过4米，体重相当于6个成年男子，想想看它会吃掉多少鲱鱼吧！

空中袭击！

当鱼群被来自下方的捕食者袭击时，它们会慌不择路地朝海面上涌去。骚动的鱼群会吸引海鸟的注意，比如这群鲣鸟，一起加入疯狂的捕食大军之中。天空中的鲣鸟将翅膀向后伸，摆出箭头的形状，然后径直向下俯冲，像一枚速度惊人的炮弹砸入海面。鲣鸟在水下自如地游泳，追逐惊慌失措的鱼群，它们用长长的喙捕捉鲱鱼，然后从鱼的头部开始吞咽。

3

一只鲣鸟如果从足够的高度俯冲入水，能潜入海面下6米深。

4

5

俯冲入水的潜水员

1 鲣鸟

2 修长的翅膀

3 锋利的喙

4 宽宽的蹼足

5 鲱鱼群

在水下"飞行"

海鹦

　　大多数潜水海鸟用蹼足在水下游泳。但有些鸟类，比如这只海鹦，是用翅膀在水下"飞行"的。较短的翅膀比较适于水下"飞行"，因此海鹦在天空中进行真正的飞行时，就比较费力了。

从头开始

　　鲣鸟通常在水下一边游泳，一边吞食鲱鱼。有时候，一只鲣鸟将捕获到的鲱鱼带到海面上，它用喙紧紧叼住鲱鱼，猛烈地摇晃直到鲱鱼不再动弹，然后便从鲱鱼的头部开始吞咽，这样鲱鱼身上尖锐的鱼鳍就不会刺伤它柔软的喉咙。

一大口

　　鲣鸟长长的喙就像匕首一样，有着锋利的、锯齿状的边缘，能牢牢抓住浑身滑溜溜的、还在不断挣扎的鱼类，比如鲱鱼、鲭鱼，甚至包括鳕鱼和小鲑鱼。由于鲣鸟没有牙齿，不能撕碎猎物，只能囫囵吞下，因此猎物不能超过一定的大小。不过，鲣鸟的喉咙富有伸缩性，可以吞下稍大的鱼类，比如和小型餐盘一般大小的比目鱼。

在繁殖季节，鲣鸟在海岛上聚集成大群，一个鸟群甚至可达6万对。

俯冲落下

鲣鸟以近乎垂直的角度从高空俯冲，在下落过程中它的翅膀不断向后伸展，最后翅膀末端几乎碰触到一起，这样，它就能以最快的速度落入海水中。鲣鸟的喙和头部呈流线型，像一把锋利的长矛一样刺破海面，不过它也常常会溅起巨大的浪花。在鲣鸟面部和胸部的皮肤下方有小气垫，可以减缓海水的冲击。

浮上海面

鲣鸟俯冲入水时，基本上是凭运气抓住猎物，它常常叼着一条鲱鱼，还要被惯性带入更深的海水中。如果落入大海的鲣鸟没能抓到鲱鱼，它就会掉头向上，在回到海面的返程途中碰碰运气，有时候还会追逐四散而逃的鲱鱼。

其他海鸟

北极燕鸥

许多海鸟每年需要进行长距离迁徙。北极燕鸥在遥远的北极地区繁殖后代，但是随着冬季的到来，它们会环绕半个地球，来到南极浮冰区寻找食物。到了来年春季，北极燕鸥再次返回北极繁殖后代。

信天翁

漂泊信天翁一生中大部分时间都在海面上度过。它们翱翔于南大洋上空，或是在水天一色间遨游，或是与暴风雨搏击。信天翁的翅膀修长得让人吃惊，展开后如同一架滑翔机一般，在天空中自由自在地滑翔。

三趾鸥

海鸟不能在海洋中产卵，它们必须在繁殖季节返回到陆地上。许多海鸟，比如三趾鸥，在海岛悬崖边聚集成嘈杂、巨大的繁殖群；还有一些海鸟，比如海鹦，在岸边的洞穴中筑巢。

海洋巨人

海洋中体型最大的鱼类是巨型滤食性鲨鱼——鲸鲨。身体扁平的鳐鱼也是生活在海洋中的巨型鱼类之一。蝠鲼属于鳐鱼的一种，它们缓慢游过的身姿十分壮观。别看蝠鲼体型巨大，其实它是以微小的浮游生物为食的。蝠鲼一边游泳，一边张大嘴，吞下富含浮游生物的海水，然后将海水从筛子一般的鳃部过滤出去，留下浮游生物并吞进肚里。蝠鲼常常要在热带海域长途跋涉，寻找浮游生物丰富的觅食点。在这个旅途中，鮣鱼成了免费搭便车的乘客——它们吸附在蝠鲼的身体下方，跟随它去往世界各处寻找食物。

蝠鲼的"翼展"可达1.5米。

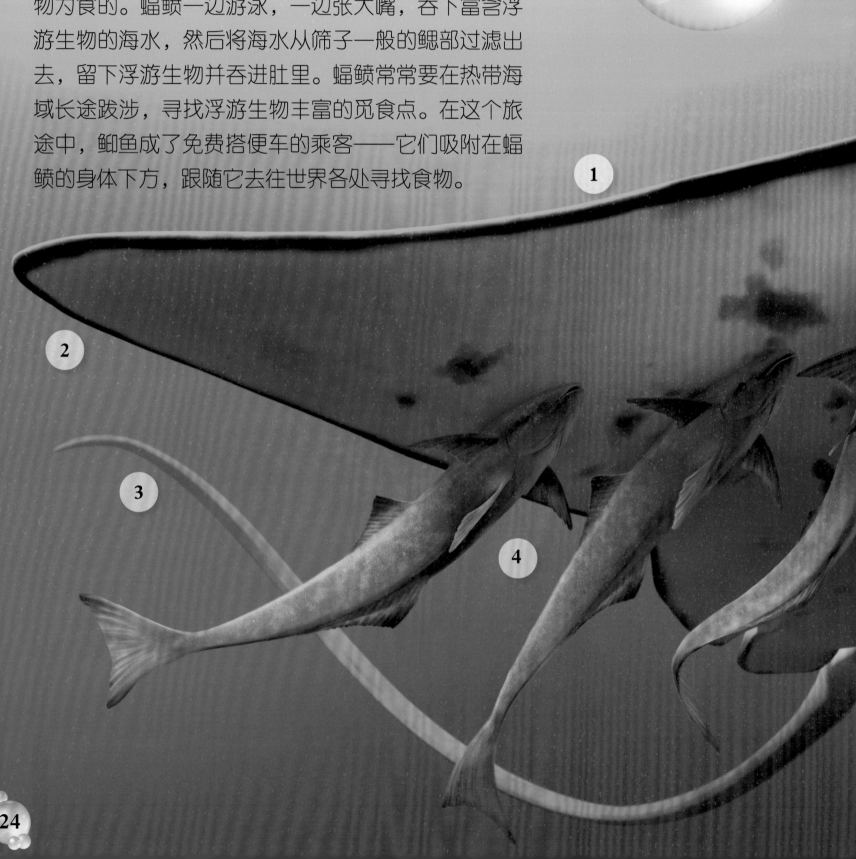

滤食者

体型巨大的滤食性动物

蓝鲸

　　蓝鲸体长超过30米，是世界上最大的动物。它将富含浮游生物的海水吞入嘴中，然后通过口腔中富有弹性的鲸须过滤，滤出海水，食物被鲸须阻挡而留下。

鲸鲨

　　鲸鲨是海洋中最大的鱼类，体长可达12米。它们与蝠鲼一样生活在热带海域，也通过鳃部滤食浮游生物。不过，鲸鲨通常游到海面附近，然后用大嘴像勺子一样"舀"起富含浮游生物的海水。

姥鲨

　　姥鲨看似凶恶，其实对人类完全无害。它们生活在较凉爽的海域，进行长距离巡游，寻找浮游生物为食。在摄食时，姥鲨巨大的嘴一直保持张开，过滤水中的浮游生物。

搭便车

　　鮣鱼是海洋中的免费旅行家，它们常常吸附在大型鱼类身体上，比如蝠鲼，在整个海洋中畅游。鮣鱼的头顶上有一个椭圆形的吸盘，能够牢牢地吸附在蝠鲼光滑的皮肤上。不过，鮣鱼一旦发现环境适宜，随时可以松脱吸盘，离开自己的"交通工具"。

巨型"翅膀"

　　蝠鲼缓缓摆动着长长的、三角形的"翅膀"，在海洋中优雅地穿行。有时候，蝠鲼会跃出水面，再次落入海水时溅起巨大的浪花。

拖网

虽然蝠鲼长着细小的牙齿，但它几乎不使用它们。蝠鲼的觅食方式是这样的：一边向前游，一边张开大嘴，用嘴两侧一对富有弹性的皮瓣，将富含浮游生物的海水引入嘴里。海水通过筛子一样的鳃过滤出去，微小的浮游生物则留下来，被蝠鲼吞进肚中。

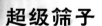

超级筛子

和所有的鱼类一样，蝠鲼也有羽毛状的、富含血管的鱼鳃，可以从海水中吸取氧气。脆弱的鳃部被一种称为鳃耙的结构保护，其实，鳃耙如同筛子，滤食作用就是通过鳃耙完成的。海水中微小的浮游生物被鳃耙困住后，便会被蝠鲼吞食。

蝠鲼通常独来独往，但有时候也会出现数百只个体在一处海域觅食的盛况。

过滤食物

浮游生物

蝠鲼所捕食的猎物中，绝大多数都是非常细小的生物，它们在海水中随波逐流，称为浮游生物。浮游生物包括桡足类、小螃蟹、小虾、刚孵化的鱼苗，以及蚌和藤壶的浮游幼体。

珊瑚礁

多姿多彩的珊瑚礁充满着形形色色的生物，如同海底的花园。这些热带海域中的美景并不是植物组成的，而是由一种称为珊瑚虫的微小动物创造的。一只珊瑚虫看起来像一朵花，上百万个个体在浅海海底聚集成庞大的群落。珊瑚虫有着坚硬的、石灰质的外骨骼，当珊瑚虫死去后，外骨骼依然存留，一代又一代的珊瑚虫便最终创造出了美丽的珊瑚礁。

珊瑚虫生活在个体繁多的群体中，如同一棵长着分支的树木。

珊瑚礁生物

1　鞍带石斑鱼
2　裂唇鱼
3　蓝绿光鳃雀鲷
4　海蛞蝓
5　苔表鹿角珊瑚
6　拟花鲐
7　海扇
8　前鳍吻鲉
9　脑珊瑚
10　管海绵
11　小丑鱼
12　蓝海星
13　海葵
14　雀尾螳螂虾

科学家估算，地球上有些珊瑚礁的年龄超过5000万年。

目前已知的鱼类中，超过1/4的种类生活在珊瑚礁中。

清理干净

这条体型硕大的鞍带石斑鱼正在享受牙齿清洁服务。为它提供服务的蓝色小鱼叫做裂唇鱼，又名清洁鱼、鱼医生。裂唇鱼为大型鱼类清理牙齿、皮肤和鳃，吃掉上面的死皮和寄生虫，这样既让大鱼十分舒服，裂唇鱼也获得了食物。大鱼对裂唇鱼十分友好，在它们进行清理工作的时候显得很有耐心。

水下花园

脑珊瑚

与绝大多数珊瑚一样，脑珊瑚也是由成千上万个珊瑚虫聚集形成的。整个集群通过一个半球形的石灰质骨骼所支持，状如大脑。

海扇

海扇是一种没有石灰质骨骼的珊瑚。珊瑚虫聚集在坚韧、富有弹性的分支结构上，如同一株植物，依靠过滤海水中的浮游生物为食。

苔表鹿角珊瑚

这个苔表鹿角珊瑚具有金色的外观，这是来自珊瑚虫体内微小的虫黄藻。虫黄藻能够利用阳光中的能量合成营养物质，为珊瑚虫提供食物。

管海绵

海绵三三两两地点缀在珊瑚之间，它们是一类结构简单的动物，有着海绵状骨骼。管海绵通过管壁上微小的孔洞吸入海水，过滤其中的食物微粒，然后将海水从管子顶部排出。

礁石间的生灵

在珊瑚礁中生活着许多五颜六色的鱼类，比如这些蓝绿光鳃雀鲷和金拟花鮨。鲜艳的体色能帮助鱼类识别对方，有时甚至起到保护色的作用。

世界上最大的珊瑚礁是位于澳大利亚的大堡礁。

可爱的粉色

在珊瑚礁中，甚至连黏糊糊的软体动物都是美丽的。海蛞蝓在珊瑚礁上缓慢爬行，刮食上面细小的海藻和微小动物。它们的触角中常常含有有毒的细胞，毒素是从取食的食物中提取的。毒素对海蛞蝓没有伤害，却可以作为武器，防御海蛞蝓的天敌。

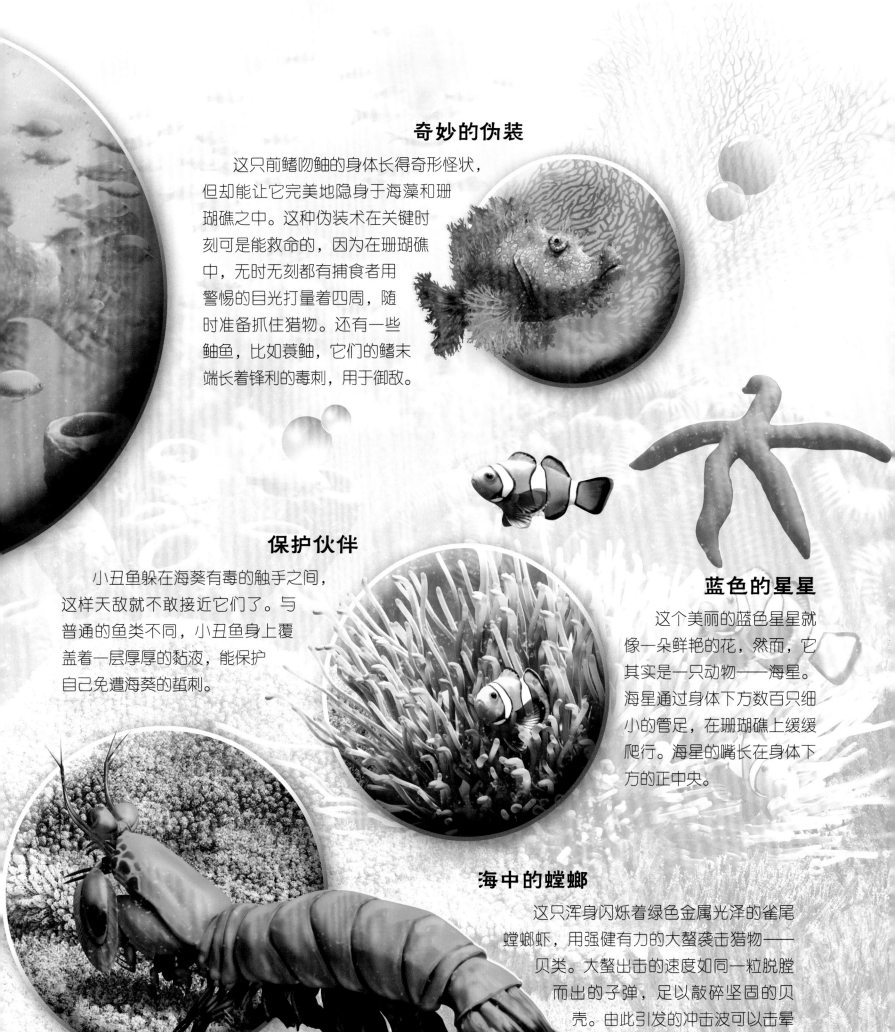

奇妙的伪装

这只前鳍吻鮟的身体长得奇形怪状，但却能让它完美地隐身于海藻和珊瑚礁之中。这种伪装术在关键时刻可是能救命的，因为在珊瑚礁中，无时无刻都有捕食者用警惕的目光打量着四周，随时准备抓住猎物。还有一些鮟鱼，比如蓑鮟，它们的鳍末端长着锋利的毒刺，用于御敌。

保护伙伴

小丑鱼躲在海葵有毒的触手之间，这样天敌就不敢接近它们了。与普通的鱼类不同，小丑鱼身上覆盖着一层厚厚的黏液，能保护自己免遭海葵的蜇刺。

蓝色的星星

这个美丽的蓝色星星就像一朵鲜艳的花，然而，它其实是一只动物——海星。海星通过身体下方数百只细小的管足，在珊瑚礁上缓缓爬行。海星的嘴长在身体下方的正中央。

海中的螳螂

这只浑身闪烁着绿色金属光泽的雀尾螳螂虾，用强健有力的大螯袭击猎物——贝类。大螯出击的速度如同一粒脱膛而出的子弹，足以敲碎坚固的贝壳。由此引发的冲击波可以击晕甚至杀死附近的猎物。

海豚不是鱼类，
而是和我们一样呼
吸空气的哺乳
动物。

超级聪明

瓶鼻海豚是迅速、敏捷、智商极高的动物，主要捕食鱼类和乌贼。它们是一种小型的齿鲸，身体高度特化，比大多数鱼类游得都快。瓶鼻海豚集成小群生活在海洋中，用特有的叫声彼此沟通。它们还通过回声定位在浑浊的海水中寻找猎物、确定方位。

海洋中的游泳健将

1　瓶鼻海豚
2　弯曲的前鳍肢
3　锋利的圆锥形牙齿
4　强健的尾鳍
5　飞鱼

海豚的沟通

海豚在海洋中巡游时，通过一套复杂的语言系统彼此沟通。捕猎时，海豚通过回声定位来确定猎物的位置。它们还常常发出叫声，将鱼群驱赶成紧密的饵团，方便群体成员捕捉。

海豚可以发出威力强大的低频声波，甚至能振晕猎物。

会飞的鱼

这些飞鱼有着长长的胸鳍，就像翅膀一样，能够破水而出，在海面上滑翔一段距离。飞鱼的一次飞行长度可达50米甚至更远。飞鱼之所以要跃出水面飞行，就是为了躲避在水中追击它们的捕食者，不过这样又往往成了海鸟的口中餐！

奇妙的海豚

长吻原海豚

所有的海豚都是天生的杂技演员。不过长吻原海豚更是身怀绝技，它们能够跃出水面，在空中不断翻滚、旋转，然后再优雅地落入海中。

亚马孙河豚

亚马孙河豚只生活在南美洲亚马孙河流域，它们有着长长的吻部，皮肤呈粉色。亚马孙河豚的视力非常不好，几乎是瞎的，它们完全依靠回声定位来寻找猎物，比如鱼类和螃蟹等。

鼠海豚

鼠海豚体型娇小，头部圆滑，没有突出的吻部。它们常常出现在港口、码头和海湾等处，喜欢在浅水区出没。

流线型身体

海豚的身体呈完美的流线型，非常适于游泳。不过，海豚的祖先其实是生活在陆地上的四脚兽，在进化过程中它们逐渐失去四肢，尾巴变得强健宽大，可以上下扇动，推动身体向前游。海豚的泳速可达50千米/时。

海豚是非常聪明的动物，它们会使用工具，甚至可以学会理解人类的手势。

巨藻森林

在冷水海域的沿岸地区，常常被粗壮、坚韧的海藻覆盖。在有些地方，比如美国加利福尼亚州，巨藻可以长到令人难以置信的高度，形成密集的水下森林。巨藻森林为各种各样的鱼类和其他生物提供了丰富的食物。海獭和巨型章鱼就生活在巨藻森林中。

在水下森林里

海洋中的 "豆茎"

叶状体

巨藻的叶状体基部生有气囊，气囊可以让叶状体漂浮在海面上，获得生长所需的充足阳光。

固定根

巨藻没有真正的根，它们的根部称为固定根，固着在岩石等坚硬的海底基质上，没有吸收水分和无机盐的功能。固定根的固着能力非常强大，巨藻可以生长至50米甚至更高，而固定根丝毫不会脱落。

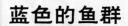

蓝色的鱼群

蓝鳕鱼群在高大的巨藻丛中穿梭，用小小的嘴取食海水中的浮游生物。巨藻森林所在的冷水海域与热带海域不同，这里富含浮游生物。

强大的杀手

一只太平洋巨型章鱼正潜伏在巨藻丛中，它体长可超过1.5米，是世界上最大的章鱼。太平洋巨型章鱼主要捕食螃蟹、蛤蜊和鱼类。它的八条触腕强健有力，上面布满了吸盘，抓住猎物后，便送入身体下方的口中，用鹦鹉喙一样的利嘴将猎物撕碎。

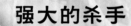

贝壳破碎机

海底岩石裂隙是狼鳗理想的家。这种鱼类其实并没有看起来那么凶猛，不过它的上下颌依然非常强健，能轻松压碎螃蟹和蛤蜊的外壳。狼鳗很少游出藏身的洞穴，除非是一条体型更大的狼鳗非要抢占这块宝地。

海中的蜗牛

紫金丽口螺在岩石和巨藻叶上缓缓爬过。它们的舌头上密布着细小的牙齿，就像锉刀一样，称为齿舌。它们用齿舌刮食微小的海藻。

大胆的潜水员

在美国阿拉斯加和加利福尼亚的巨藻森林中，生活着一种外形可爱的哺乳动物——海獭。海獭主要以贝类为食，不过它们最喜欢的猎物要数浑身长满棘刺的海胆。海獭潜入海底寻找海胆，它将找到的海胆带到海面上，砸开海胆的外壳，吃掉里面的软肉。

牢牢缠住

身材纤细的海马用尾巴缠在海藻上，以免自己被洋流冲走。海马以海水中微小的浮游生物为食。

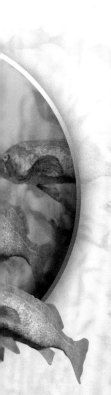

咔嚓咔嚓

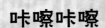

螃蟹、龙虾、海胆以及各种贝类生活在巨藻森林的海床上，为美丽突额隆头鱼等鱼类提供了丰富的食物。这条美丽突额隆头鱼长着一口坚固的大型牙齿，能够轻松压碎猎物的贝壳。

夹紧大螯

红矶蟹以幼嫩的巨藻为食，它们总是用一只大螯紧紧地夹住巨藻的叶状体，以免被洋流冲走。但是冬季盛行的风暴常常会造成它们的大量死亡，它们也会成为各种捕食者的美餐，比如海獭。

巨藻的生长速度快得惊人，甚至一天能长60厘米。

贪婪的海胆

紫海胆以巨藻为食，它们的嘴里长有牙齿一样坚硬的结构，用来磨碎巨藻。如果没有取食海胆的捕食者存在，比如海獭，紫海胆大军就会横扫巨藻丛，毁掉整片水下森林。

顶级捕食者

大白鲨是海洋中最凶残、最致命的鱼类。它体型庞大，行动诡秘，血盆大口中长满让人望而生畏的利齿，除了虎鲸之外，再无其他竞争对手。大白鲨是海洋中的顶级捕食者——也就是食物链的顶端。它是体型最大的噬人鲨，也是唯一一种主要捕食海豹等海洋哺乳动物的鲨鱼。大白鲨有着敏锐的感官，能够通过极其微弱的痕迹追踪猎物，而一旦它发起攻击，逃生的概率微乎其微。

大白鲨有着强有力的上下颌，可以一口将一个人咬成两半。

专业杀手

1 领航鱼

2 大白鲨

3 巨大的鳃

4 镰刀状的尾鳍

5 突出的吻部

6 嗅觉超级灵敏的鼻子

7 可以向前推出的上颌

8 锯齿状边缘的牙齿

9 蓝鳍金枪鱼

长相奇特的鲨鱼

双髻鲨

双髻鲨奇怪而扁平的头部就像一架猎物搜寻仪。双髻鲨的头部分布着特殊的传感器，可以探测到猎物发出的微弱电信号。它分隔得极开的眼睛和鼻孔，能够精确定位猎物的位置。

锯鲨

锯鲨的上颌延长，两侧密布尖牙，形成一把锋利的"锯子"。锯鲨就用这把"锯子"袭击海底的猎物。如果受惊的猎物向上游，它便会挥舞着"锯子"向猎物刺去，甚至能将猎物撕成碎片。

长尾鲨

很多鲨鱼都有大大的尾鳍，不过长尾鲨的尾鳍实在是太长了，几乎和它的身体一样长。长尾鲨用尾鳍驱逐鱼群，将鱼群集中为小群，然后猎食。有时它还会用镰刀一样的尾鳍击晕猎物。

世界上最古老的大白鲨化石约为迄今1600万年前。

大白鲨被无情的人类大肆猎杀，现在几乎快要灭绝了。

亲密的伙伴

这些布满黑白条纹的领航鱼跟随鲨鱼四处游曳，处境似乎很危险，其实它们主要以鲨鱼吃剩的残羹碎屑为食，生活既安全又安逸。鲨鱼也不排斥紧紧跟随自己的领航鱼，因为它们能吃掉鲨鱼皮肤上的寄生虫和死皮。鲨鱼甚至允许领航鱼游进自己的嘴里，啄食食物碎屑。领航鱼身上的条纹就是醒目的标示，告诉鲨鱼："我们是你的朋友，不要伤害我们。"

超级感官

鲨鱼能嗅出1.6千米以外一滴血的气味。当鲨鱼游近时，它头部及体侧的压力感受器能感觉到猎物移动时产生的振动波，而它的鼻腔中还有电感受器，能探测到猎物神经系统发出的微弱电信号。由于有这些超级灵敏的感觉器官，鲨鱼就如同一颗瞄准的鱼雷一样，能够径直冲向猎物。

菜单

大白鲨确实会袭击人类，但是在绝大多数情况下，受害者只是被它咬了一口，没有被吃掉。看起来，大白鲨可不喜欢人类的味道！它最喜欢的猎物是海豹、海豚和小型鲸类，不过它也会猎杀大型鱼类，比如这条金枪鱼。

杀戮机器

大白鲨的牙齿呈三角形，边缘为锯齿状，长度可超过7厘米。旧牙不断地磨损、脱落，后方的新牙逐渐朝前移动，取而代之。大白鲨从来不用担心蛀牙的问题。当大白鲨展开攻击时，它张开血盆大口，将可以移动的上颌朝前推出，然后迅速咬合，便可以从猎物身上撕下一大块肉。即使只是被它咬上一口，也常常是致命伤。

大白鲨有很多备用牙齿，一生中大约会长出2万颗牙齿。

随波逐流

水母就像在海面上漂流的鲜花，但它们确实是动物，而且具有有毒的触手。它们用触手中的刺细胞蜇刺猎物，然后慢慢吃掉失去知觉的猎物。大多数水母的猎物是海洋中微小的浮游生物，但也有一些水母捕捉更大的猎物，比如鱼类和乌贼。水母中的某些种类，比如热带箱水母，是世界上毒性最剧烈的生物。

毒刺陷阱

1　箱水母
2　具有毒刺的触手
3　太平洋黄金水母
4　斑点水母
5　太平洋鲳

箱水母每年杀死的人数比其他任何海洋生物都要多。

45

漂浮的幽灵

栉水母

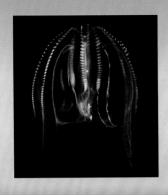

通体透明的栉水母以海洋中微小的浮游生物为食，它用鞭状触手将猎物卷入口中。栉水母的身体上长着一排排纤毛，纤毛做波浪状运动，便可以使栉水母在海水中移动。栉水母是一种会发光的水母，身体上的光带明暗闪烁，非常美丽。

海蝴蝶

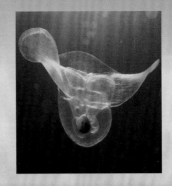

海蝴蝶是蛞蝓和蜗牛的近亲，它们用一对翅状鳍在海洋中游动，将微小的浮游动物用黏稠的黏液困住，并以此为食。和许多海洋生物一样，海蝴蝶在白天隐藏在深海区，到了夜晚才漂浮到海面上觅食。

致命的毒刺

生活在热带太平洋海域的箱水母看起来似乎没什么危害，甚至还十分美丽，然而，它却是致命的杀手。箱水母身体呈方形，四角分别挂着一簇触手，每簇里包含15根长长的触须，而每根触须上都有数千根毒刺。箱水母正是用毒刺捕捉猎物，如果人类不小心被箱水母蜇刺，会导致钻心的疼痛，甚至会造成心脏麻痹而死亡。

狮鬃水母是世界上最长的动物，触手可长达36米。

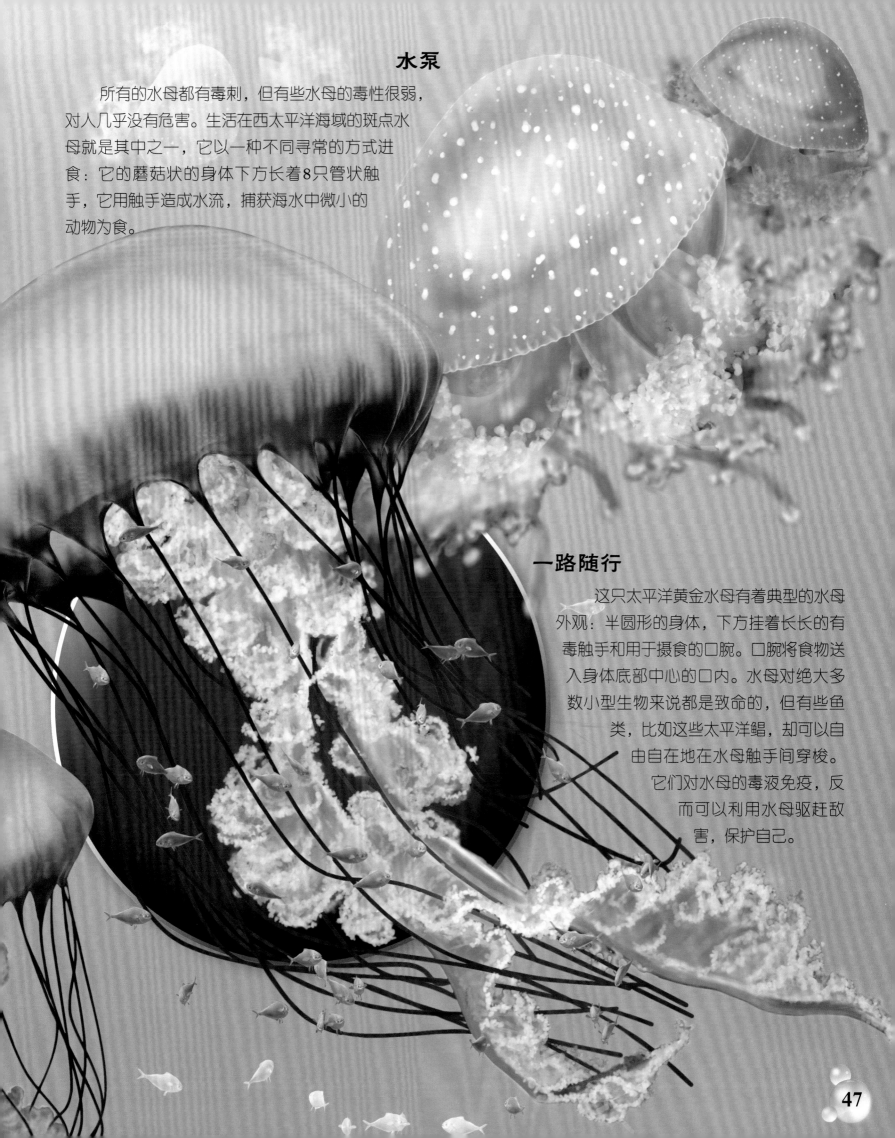

水泵

　　所有的水母都有毒刺，但有些水母的毒性很弱，对人几乎没有危害。生活在西太平洋海域的斑点水母就是其中之一，它以一种不同寻常的方式进食：它的蘑菇状的身体下方长着8只管状触手，它用触手造成水流，捕获海水中微小的动物为食。

一路随行

　　这只太平洋黄金水母有着典型的水母外观：半圆形的身体，下方挂着长长的有毒触手和用于摄食的口腕。口腕将食物送入身体底部中心的口内。水母对绝大多数小型生物来说都是致命的，但有些鱼类，比如这些太平洋鲳，却可以自由自在地在水母触手间穿梭。它们对水母的毒液免疫，反而可以利用水母驱赶敌害，保护自己。

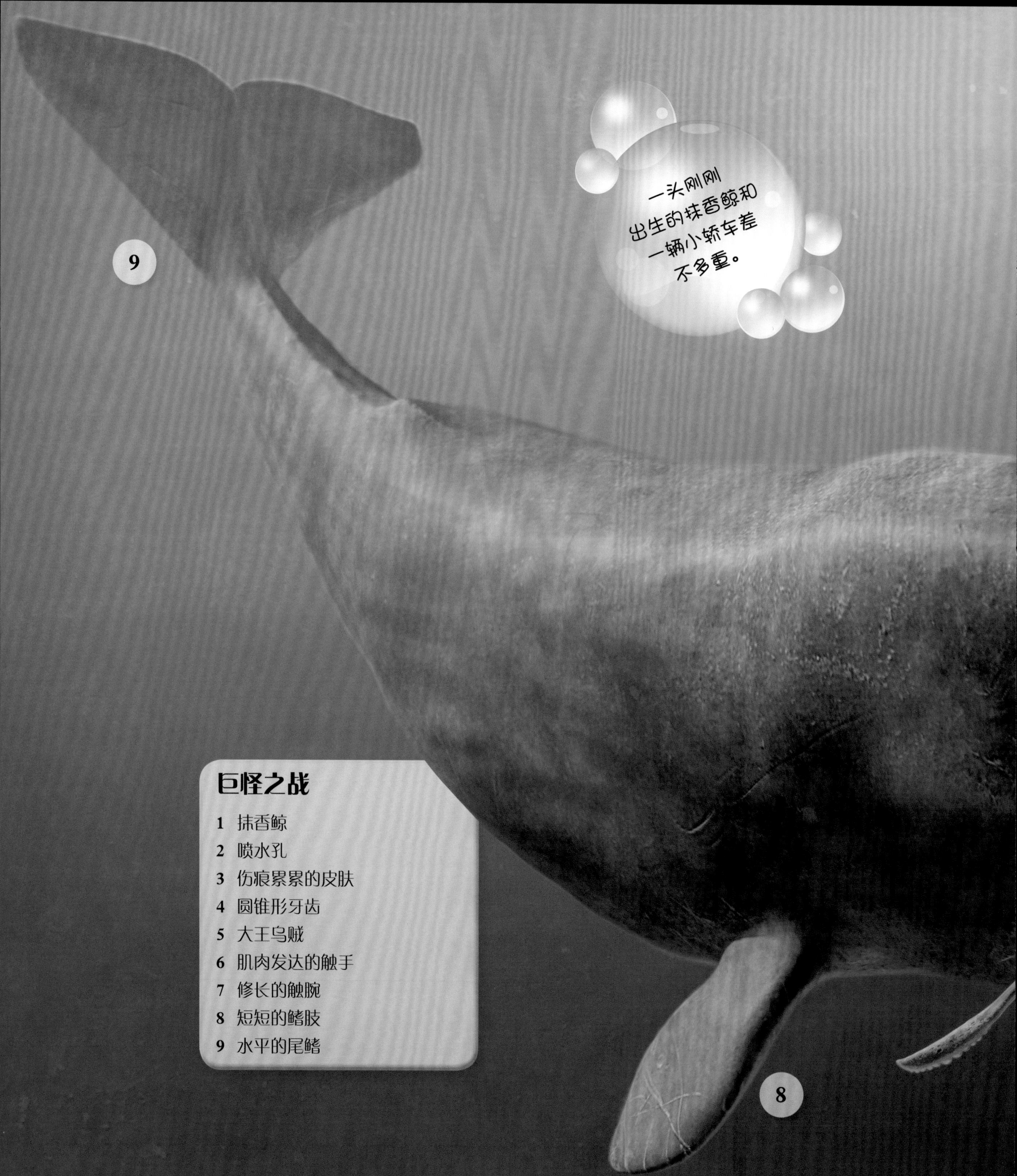

一头刚刚出生的抹香鲸和一辆小轿车差不多重。

巨怪之战

激烈的战场

在海面下300米深处，是一个昏暗的世界，称为微光带。这里也是抹香鲸的狩猎场。抹香鲸能潜水长达40分钟，寻找它的主要猎物——深海乌贼。这其中包括体长超过14米的大王乌贼。大王乌贼强有力的触手上长着带有锯齿的吸盘，当它反击时，就会在抹香鲸身上留下一个个深深的圆形疤痕。

抹香鲸的大脑是全世界的动物中最大的。

深海生物

蝰鱼

与许多生活在海洋深处的捕食者一样，蝰鱼也长着令人望而生畏的利齿。它那一口犬牙交错的牙齿太长了，连嘴都无法合拢，显得面目狰狞。在微光带以及更深处的无光带，食物十分稀缺，生活在这里的捕食者必须确保一旦找到猎物，就不能让它逃脱。

吞噬鳗

吞噬鳗的长相比蝰鱼还要怪异，就像一张嘴直接长在了尾巴上。它的嘴大得令人不可思议，富有弹性的胃就像气球一样可以自由伸缩。因此，吞噬鳗可以吃掉比自己身体还大的猎物。它那与大嘴不相称的小眼睛长在吻部尖端，嘴里密布细小、锋利的牙齿。

鮟鱇

深海鮟鱇采用守株待兔式的狩猎方式——等待猎物自动送上门来。这条鮟鱇浑身竖起长长的棘刺，这些棘刺非常敏感，能够感觉到黑暗中的任何波动，因此鮟鱇能察觉到附近是否有猎物接近。一旦时机来临，鮟鱇便迅速张开巨大的嘴，海水连同猎物一起流入它的血盆大口中。

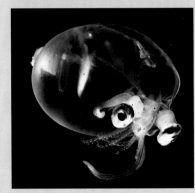

玻璃乌贼

玻璃乌贼的身体上有特殊的发光细胞，能在黑暗中发光。许多深海生物都有这样神奇的本领，有些生物用闪烁的光与其他成员沟通；有些生物用光寻找猎物；还有些生物能够发出微弱的蓝色光芒，与阳光穿透海面并经海水过滤后的光线一致，因此它们能隐身其中，不让天敌发现。

抹香鲸发出的叫声是地球上动物中最大的。

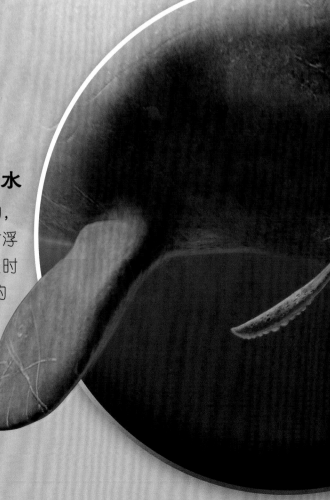

深海潜水

虽然抹香鲸是必须呼吸空气的哺乳动物，但它在深海中狩猎时，常常每隔半个小时才浮上海面换气。抹香鲸之所以能潜水如此长时间，是因为它能在血液和肌肉中储存足够的氧气。实际上，在抹香鲸潜水之前，它会深深地呼出一口气，而不是吸气。不过当它返回海面上的时候，它必须大口大口地呼吸大约10分钟，才能继续下一次潜水。

巨大的头部

抹香鲸的头部非常庞大，大约占体长的1/3。一头成年雄性抹香鲸的头部长度可超过7米，在膨大的额头内填满了一种称为鲸脑油的油状液体。这条抹香鲸全身遍布长长的伤疤和圆形伤痕，这是大王乌贼带利齿的吸盘留下的印记。

鲸脑油是非常优良的润滑剂，在极度寒冷的外太空中飞行的宇宙飞船就是用鲸脑油做润滑剂的。

大王乌贼的眼睛有足球那么大，比地球上其他任何生物的眼睛都要大。

行动诡秘的乌贼

目前人们对大王乌贼知之甚少。大王乌贼生活在微光带海域深处，至今依然无人见过它们的活体。大王乌贼以其他乌贼和深海鱼类为食，用一对超长的触腕捕捉猎物。和其他乌贼一样，它也通过以外套膜向外喷水的方式，急速向后倒退来逃避危险。

异。深海潜水器的探照灯照亮了一片覆盖着软泥的深海海床，这些软泥是从上方掉落下来的浮游生物残骸逐渐积累形成的，这些残骸足足下落了至少3000米。生活在深海海底的生物就依靠这些残骸为食。

漆黑的世界

1　长尾鳕
2　海笔
3　黑色烟雾
4　银鲛
5　盲鳗
6　端足类
7　三脚架鱼
8　海参
9　蛇尾类

嗅来嗅去

长尾鳕长着大大的脑袋和一条细长的尾巴，在黑暗的深海中游动，寻找小型猎物或者死去的动物尸体和浮游生物碎屑。和大多数深海鱼类一样，长尾鳕用敏锐的嗅觉和触觉来寻找食物。

活着的"羽毛"

海笔的外形酷似一支老式的鹅毛笔，因此而得名。海笔其实是微小动物聚集形成的群体，每个分支就是一个单独的动物，单个动物看起来很像微型的海葵。它们用触手收集海水中的食物碎屑。

身材纤长

身体细长、没有眼睛的盲鳗是食腐动物，它们会钻进已经死去或者濒临死去的鱼类尸体中，从内部取食。早在3亿年前，盲鳗就已经出现在地球上，到今天为止它们的形态几乎没有变化。

食腐动物

外形似虾的端足类体长可超过15厘米，它们在深海海底爬来爬去，寻找死去的鱼类尸体。端足类有着锋利的螯，适于切割动物腐尸。

纤弱的星星

貌似脆弱的蛇尾类是海星的亲戚，它们从海底岩石上搜集食物碎屑，也以动物尸体为食。蛇尾类遍布世界各地的深海中。

咬碎贝壳

一条银鲛在泥质海床上缓缓游过，它正在寻找埋在淤泥下的贝类，一旦找到便用坚硬的上下颌将贝壳压碎。银鲛是一种长相奇怪的鱼类，与鲨鱼和鳐鱼是近亲，它们的骨骼都是由软骨组成的。

热泉生命

黑色烟雾

在有些海域的海床上，滚烫的水流从岩石缝隙往外流淌，这就是深海热泉。有些热泉水是黑色的，里面含有特殊的化学物质，而有些微生物能够利用这些化学物质产生能量、合成营养物质。因此，热泉眼附近形成了一片欣欣向荣的景象，这里是深海中生物最繁茂的区域。

巨型管虫

巨型管虫是一种体型硕大的海洋蠕虫，生活在冒着黑烟的热泉眼附近。巨型管虫依靠身体里的共生微生物存活，这些微生物利用热泉中的化学物质合成食物。

热泉蟹

在热泉眼附近还生活着这种白色的螃蟹，它没有眼睛，在黑暗的水中四处爬行，寻找微生物作为食物。

探索深海海底是非常困难的，科学家现在对深海海底的了解还没有月球表面多。

踩高跷

三脚架鱼姿态优雅地在海底"行走"，它的鱼鳍进化成了三条又长又坚韧的"步足"，适于在松软的泥质海底上行走。三脚架鱼其他的鱼鳍能够检测海水中细微的振动，因此它就知道是该迅速转身逃跑，还是该出击捕捉猎物了。

过滤软泥

深海海参在海底软泥中蠕动，它们吞食软泥，消化其中一切营养物质。海参是海星和海胆的亲戚，它长得像一根腊肠，身上还有一些柔软的肉棘。

术语表

背鳍
鱼类背部的鳍，比如鲨鱼背上三角形的背鳍。

贝类
具有贝壳的软体动物。

冰山
巨大的浮冰块，从冰川或极地冰盖临海一端破裂而落入海中。

捕食者
捕捉其他动物为食的动物。

哺乳动物
一类用乳汁喂养后代的恒温动物。海洋哺乳动物包括海狮、海豹、海獭、鲸和海豚。

毒液
生物体分泌的液体，里面含有毒素，用于捕食或防御敌害。

浮冰
自由漂浮于海面，能随风和海流漂移的冰块。

浮游生物
漂浮在水面的微小生物的总称，包括可以自己合成有机物的藻类以及以微小藻类为食的小型动物。

搁浅
海洋生物因为意外等原因困在海滩上。如果鲸搁浅，常常会造成死亡。

固定根
海藻固定在岩石等基质上的根状结构，不能吸收水分和无机盐，只起固定作用。

海冰
由海水冻结而形成的冰，包括浮冰、冰山等多种类型。

回声定位
某些动物能通过口腔或鼻腔把从喉部产生的超声波发射出去，利用折回的声音来确定方位，这种空间定位的方法，称为回声定位。

喙
鸟类等动物坚固、锋利的嘴，没有牙齿。

寄生虫
生活在其他生物体表或体内，以获取自身所需的营养物质的生物。

猎物
被其他动物所捕食的动物。

鳞片
动物体表覆盖的一层细小、坚韧的结构，起保护作用。大多数鱼类体表被覆鳞片。

磷虾
一种似虾的小型甲壳类动物，生活在世界各地的开阔

海域，但在南极洲附近的海域中数量最多，是许多南极动物最主要的食物来源。

流线型

形状光滑，没有突出的起伏或棱角。流线型的物体在水中移动时阻力较小。

滤食

通过过滤的方法获得水中的食物。大多数滤食性海洋生物通过鳃来过滤。

喷水孔

鲸或海豚特化的鼻孔，一般位于头顶。喷水孔用于呼吸空气，当鲸或海豚潜水时，喷水孔能关闭，避免进水。

蹼足

趾间有蹼膜相连的脚，能在水中游泳的鸟类都具有蹼足。

鳍状肢

动物的肢体通过缓慢的进化，转变为鱼鳍一样的形状。比如企鹅的翅膀、鲸的鳍都是鳍状肢。

热带海域

位于赤道附近、南北回归线之间的海域。

热泉眼

海底火山通过岩石裂缝加热海水，滚烫的海水喷发而出便是热泉，喷涌出来的孔隙称为热泉眼。热泉眼附近生活着许多奇特的生物。

软骨

一种坚韧、富有弹性的骨结构。鲨鱼、鳐鱼等软骨鱼类的骨骼就是由软骨组成。

深海潜水器

一种特殊的潜艇，用来潜入非常深的水域进行科学考察。

食物链

不同物种之间因为吃和被吃的关系而产生的序列。

食腐动物

以其他动物尸体为食的动物。

尾鳍

鱼类尾部的鳍。

微生物

一类微小、简单的有机体，只能用显微镜才能看见，比如细菌。

伪装

动物通过特殊的体色、形态等，与周围环境融为一体，或者假装为其他生物。

胸鳍

紧靠在鱼类头部后方的一对鳍，主要功能为控制方向，有时也起到向前推动的作用。

叶状体

海藻等低等植物类似叶片的结构。叶状体不是真正的叶，因为它没有叶片中的内部构造。

藻类

一种低等植物，通过光合作用合成有机物。大多数海生藻类非常小，只能在显微镜下才能看清，它们在海洋中随波逐流，成为小型动物的食物。巨藻也是藻类，不过体型就大得多了。

种群

同种生物在某一地区生活的所有个体。某个种群常常是因为特定的原因聚集在一起，比如海鸟聚集成繁殖群。

致 谢

Dorling Kindersley would like to thank Carron Brown for the index and proofreading, John Searcy for Americanization, and Ben Morgan for editorial assistance.

The publisher would like to thank the following for their kind permission to reproduce their photographs:

(Key: a-above; b-below/bottom; c-centre; f-far; l-left; r-right; t-top)

6-7 Corbis: Kazuya Tanaka/amanaimages (background). **Science Photo Library:** Tom Van Sant, Geosphere Project/Planetary Visions (c). **10 Corbis:** Alaska Stock (bl). **Getty Images:** Frank Krahmer/Photographer's Choice RF (clb). **11 Corbis:** Alissa Crandall (tc); Hans Strand (tl). **15 Getty Images:** Oxford Scientific/Gerard Soury (tc); Oxford Scientific/David B. Fleetham (c). **18 Corbis:** Andy Murch/Visuals Unlimited (cla). **SuperStock:** Age Fotostock (tl). **22 Alamy Images:** Chris Gomersall (tl). **23 Getty Images:** Iconica/Frans Lemmens (c). **26 Corbis:** Jeffrey L. Rotman (tr); Denis Scott (tl); Anna C.J. Segeren/Specialist Stock (tc). **30 Corbis:** Amos Nachoum (bl); Lawson Wood (cla); Norbert Wu/Science Faction (cl). **SeaPics. com:** Masa Ushioda (clb). **35 Alamy Images:** Andrea Innocenti/CuboImages srl (tc). **Corbis:** Anthony Pierce/Specialist Stock (tl); Kevin Schafer (tr). **38 Corbis:** Richard Herrmann/Visuals Unlimited (fcla). **Getty Images:** Oxford Scientific/Tobias Bernhard (ftl). **42 Alamy Images:** Marty Snyderman/Stephen Frink Collection (cla); WaterFrame (cl). **Corbis:** Amos Nachoum (tl). **46 Corbis:** Frans Lanting (tl); David Wrobel/Visuals Unlimited (tr). **50 DeepSeaPhotography.com:** Peter Batson (cra). **imagequestmarine.com:** (tr). **Science Photo Library:** Gregory Ochocki (tl). **SuperStock:** Minden Pictures (cla). **55 Corbis:** Ralph White (tl, tr). **DeepSeaPhotography. Com:** Peter Batson (cra).

All other images © Dorling Kindersley
For further information see:
www.dkimages.com